生态修复看兴国

主　编　　王永禄

黄河水利出版社

郑州

图书在版编目（CIP）数据

生态修复看兴国／王永禄主编. —郑州：黄河水利出版社，2018.12

ISBN 978－7－5509－2224－2

Ⅰ.①生… Ⅱ.①王… Ⅲ.①生态修复－兴国县－画册
Ⅳ.①X171.4－64

中国版本图书馆CIP数据核字（2018）第292042号

出 版 社：黄河水利出版社　　网址：www.yrcp.com
地址：河南省郑州市顺河路黄委会综合楼14层　　邮编：450003
发行单位：黄河水利出版社
发行部电话：0371-66026940、66020550、66028024、66022620（传真）
E-mail：hhslcbs@126.com
承印单位：河南瑞之光印刷股份有限公司
开本：890 mm×1 240 mm　1／12
印张：10.2
字数：170 千字　　印数：1—2 000
版次：2018 年 12 月第 1 版　　印次：2018 年 12 月第 1 次印刷

定价：100.00元

《生态修复看兴国》编写人员

主　　编　王永禄

编　　委　易祖波　刘拥军　周嘉亮　郑亮星　周昌涵　周钦前　赖如万

刘英亮　吴　凯　谢平生　雷玉书　王春雷　雷环清　欧阳熙翔

李小明　吴雪平　刘扬澄　吴朝华　等

摄　　影　周钦前　刘英亮　张昌祯　黄家腾　等

将军縣
湖海江河固然好

前　言

兴国县是著名的将军县、烈士县、苏区模范县，为中国革命贡献殊多。自古钟灵毓秀，风流辈出。然而，由于战争的创伤，无情的自然灾害，人为的过度砍伐，加上特殊的地质条件，往日的葱笼叠翠，变为一片光山秃岭，到处沟壑纵横，曾被中外专家称为“世界水土流失之最”、“江南沙漠”。

严重的水土流失引起了国家的高度重视。1951年在兴国县建立了江西省水土保持试验区，随后成立了江西省水保研究所，开展治理水土流失的试验，探索防治方略和治理方法。1980年，塘背小流域被列入水利部部管试点小流域开始综合治理。1983年，兴国县被列为全国八片水土保持重点治理区之一，随后连续开展了水土保持重点治理第一期、第二期及国家水土保持重点建设工程建设。中共兴国县委、兴国县人民政府历来高度重视水土保持工作，“一任接着一任干，一任干给一任看”，一届接着一届以治理水土流失为己任，组织全县人民开展了一场征服穷山恶水的伟大斗争。

经过长期的探索和实践，兴国的水土流失治理取得了丰硕的成果。总结出南方水土流失治理的“五种模式”，即轻度、中度、强度流失区、紫色页岩、崩岗治理模式。形成了“七个结合”的防治理念和防治技术，即工程措施与生物措施相结合、草灌乔相结合、治理与管护相结合、封禁与节能相结合、治坡与治沟相结合、开发与利用相结合、猪沼果相结合，加上全县人民的苦干实干，兴国大地发生了翻天覆地的变化。1980年与2013年相比，全县水土流失面积由1899.07平方公里下降到587平方公里，分别占国土面积的59%、18.3%；植被覆盖率由28.8%提高到82%，增加53.2%。山变绿了，水变清了，田变肥了，环境变美了，农民变富了。2013年，兴国县获评“国家水土保持生态文明县”；2018年，兴国县塘背水土保持科技示范园获评国家级园区。

进入新时代、踏上新征程，党的十九大明确了“加快生态文明体制改革，建设美丽中国”的路线图、时间表。按照习近平总书记“山水林田湖是一个生命共同体”理念，对新时期水土保持工作提出了更高的要求，水土保持工作的重心也将由治到管发生重大转变。今天，我们出版《生态修复看兴国》画册，从江南沙漠、塘背变迁、共筑绿洲、创新成果、春华秋实、新的征程等六个篇章，记录了兴国水保五十多年来的工作历程、主要措施与创新成果，旨在更好地传承兴国水保精神，讲好兴国水保故事，铭记水土流失历史沧桑，警示人民更加珍惜来之不易的良好生态环境，努力开创江西水保“南看兴国”工作新局面。

编　者

2018年11月

目　录

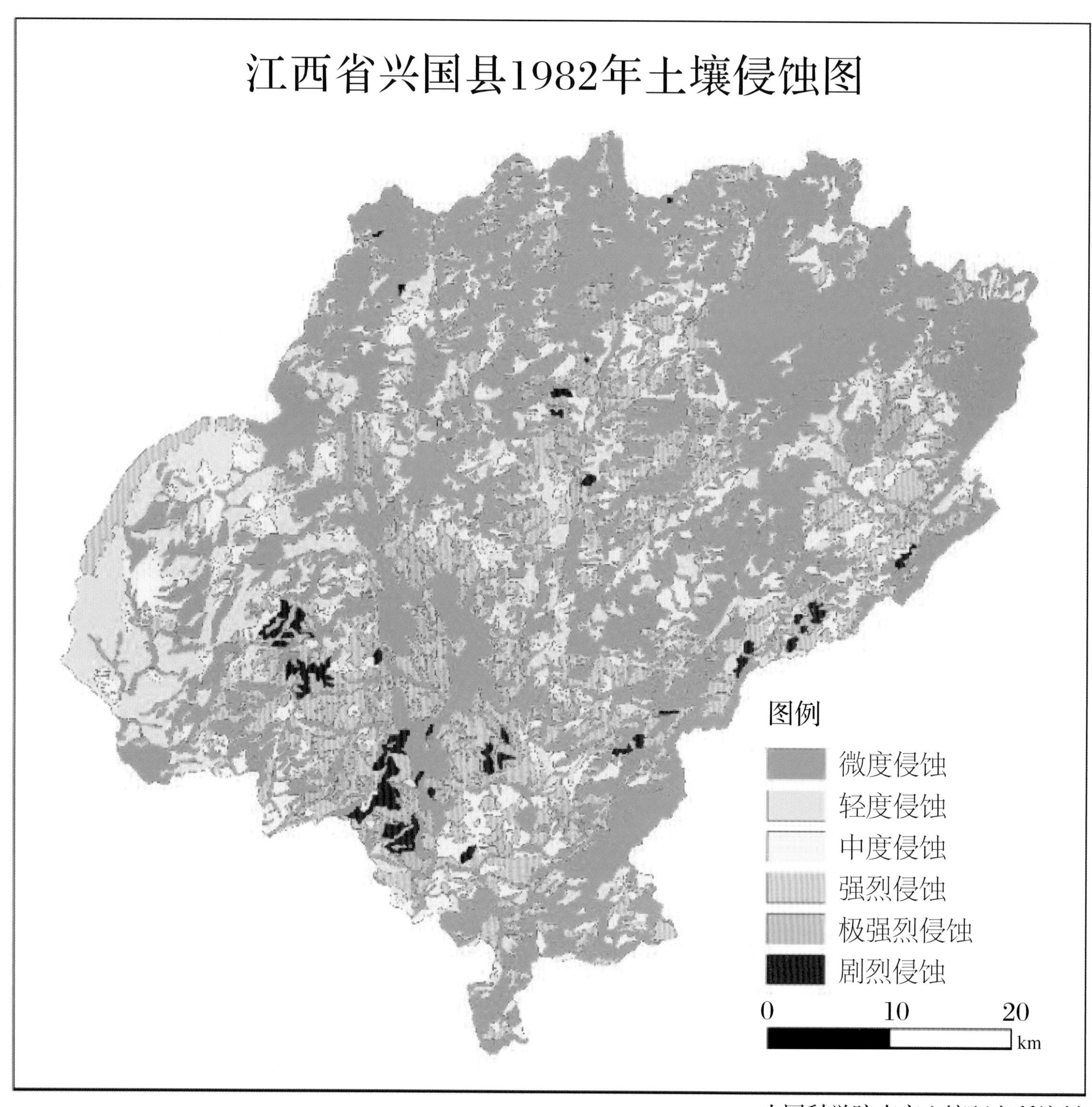

1982年兴国水土流失图

第一篇 江南沙漠

一、水土流失原貌

兴国县地处我国南方红壤丘陵区，总面积3215平方公里，由“七山一水一分田，一分道路和庄园”构成，其中，有60%的山地属贫瘠的厚层风化花岗岩。兴国大地原来人烟稀少，山地树木参天，山间溪流淙淙。珍稀茂密的森林，引来了建造阿房宫的采伐木客——第一批迁居兴国的客家人。随着时光的流逝，大地变迁，据考，在距今二百多年前开始，森林惨遭破坏，次第出现水土流失。随之，这种情况愈演愈烈，兴国县不再是气候宜人，物产富饶的宜居之地。水土流失像瘟疫，一旦发生便迅速蔓延、加重。至1980年水土流失波及全县，除县界高山外，到处是光山秃岭。山地面目全非，河沙暴涨，灾害连年不断，民不聊生。崩塌的光山带来恶水，河床淤满，暴雨来袭，洪流滚滚，冲破堤坝，淹没庄稼，毁坏房屋，伤及人畜，沿河农田村庄成为洪水临时通道。洪水过后，河干水尽，赤脚可涉。

由于受地质结构和人口分布等因素影响，水土流失呈现出以县城为中心的同心圆分布规律，中心重边缘轻的特点。其中以紫色页岩，花岗岩区流失面广量大；其次是第四纪红土和红砂砾岩及流失稍轻的边缘高山变质岩区。

埠头乡垓上村第四纪红土强度水土流失原貌（摄于1985年）

埠头乡玉口村砂砾岩强度水土流失原貌（摄于1985年）

高兴镇蒙山村红壤岗地强度水土流失原貌（摄于1985年）

蕉溪小流域花岗岩强度水土流失原貌（1987年摄于永丰乡）

江背小流域花岗岩剧烈水土流失山地原貌（摄于1960年11月）

渣江小流域花岗岩强度水土流失山地原貌（1984年摄于永丰乡）

塘背小流域剧烈水土流失山地原貌（1984年摄于龙口镇来溪村）

塘背小流域花岗岩极强度水土流失山地原貌
（1985年摄于龙口镇来溪村）

潋江镇（原五里亭乡）联群村紫色页岩剧烈水土流失原貌
（摄于1986年）

鼎龙乡杨村花岗岩崩岗群地貌
（摄于1988年）

兴江乡崩岗原貌
（摄于1988年）

稀土矿区水土流失原貌
（摄于1998年）

二、水土流失危害

由于战争和过度砍伐等诸多因素，兴国水土流失愈演愈烈。1980年兴国县有水土流失面积1899.07平方公里，占县域面积3215平方公里的59%，占山地面积2240平方公里的84.8%。强度和剧烈水土流失面积达669.33平方公里，占水土流失面积的35.2%，年均流失泥沙和肥料1106万吨，被带走的养分年均达55.22万吨，远远超出当年的施肥量。由于山光、田瘦、人穷，全县农民人均纯收入只有121.1元；全县贫困人口多达27.3万，占总人口的52%。当年的兴国人民就生活在这块贫瘠的土地上，过着艰难困苦的日子，如同生活在“江南沙漠”，给人们留下记忆的“伤痛”。

被洪水淹没的村庄和农田
（1983年摄于永丰乡）

20世纪80年代，兴国群众“四料俱缺”，靠铲草皮解决生产肥料（1983年摄于龙口镇）

艰难岁月（1978年摄于鼎龙乡）

严重的水土流失淹没农田
（1984年摄于龙口镇）

由于干旱，群众打井取水灌溉
（1988年摄于埠头乡）

严重的水土流失造成河床淤塞，影响行洪
（1988年摄于永丰乡）

严重的水土流失造成山体滑坡冲毁房屋
（1997年摄于永丰乡）

严重的水土流失导致全县大小河流普遍淤高1米以上，有的地段高出田面近2米，成了地上悬河。在16533公顷的水田中，有5334公顷成了“落河田”，另有15267公顷耕地变为靠天吃饭的“望天坵”。山地植被覆盖率仅28.8%，强度以上水土流失的山地植被覆盖率不足10%，10年树龄不足1米高。绝大部分山地沟壑纵横，基岩裸露。强度水土流失山地夏季实测地表高温为75.6℃。在2240平方公里的山地上活立木蓄积量仅有51万立方米，每亩山地不足0.15立方米。

20世纪70年代都田村农户的家
（摄于1982年）

严重的水土流失造成河比田高
（1988年摄于隆坪乡）

水土流失冲毁路面
（1989年摄于高兴乡）

严重的水土流失造成桥梁冲毁（1994年摄于城岗乡）

科研人员实地测量夏季山地地表温度达75.6℃
（1983年摄于龙口）

水土流失造成旱害频繁，农田龟裂，农作物绝收
（1988年摄于长冈乡）

塘背的小（二）型水库，修造十年后就成了沙库（摄于1984年）

三、群众祈盼

老红军舒光才在自己的家乡建了一座“望绿亭”，亲笔撰联：“忆当年曾拥葱茏奋起工农掩红浮一帜；为此日还我峭峻重耕松柏望绿盖千峦。”

祈盼（1989年摄于永丰乡）

四、治理探索

自1951年江西省水利厅、江西省林业厅在兴国荷岭设立“江西省水土保持实验区”开始研究治理水土流失起，兴国先后组建有“江西省水土保持试验推广站”“赣南水土保持科研所”“江西省水土保持研究所”“兴国县水土保持试验所”“杨村、马福山水土保持推广站”“上垅、小获、万溪水土保持专业队”“上垅水土保持攻关队”“兴国县水土保持试验站”等一批水土保持科研机构，为治理水土流失探寻成功之路。

在毫无先例可借鉴的情况下，当时的兴国水土保持人，摸着石头过河，采用挖“向天池”“鱼鳞坑”“水平沟”，修筑“谷坊”和“一锄法”种马尾松等方法进行专业队治理的尝试。三十年的艰苦探索，为水土流失治理积累了宝贵的经验教训。

20世纪60年代初，江背试验区水土保持专业队对强流失山地开展水保治理（摄于60年代初）

20世纪60年代初，江背试验区水土保持科研人员测试地温（摄于60年代初）

20世纪60年代初，在埠头乡凤岗村设立的赣南水土保持科研所

1963年，江背试验区二班被省水土保持所评为“五好专业队”（摄于1963年）

20世纪60年代初，水土保持专业队开挖的“鱼鳞坑”“水平沟”和修筑的“谷坊”

1978年在城岗乡设立的城岗水土保持站

第二篇 塘背变迁

1981年，区划专家组根据实地勘察情况，建议将地处“江南沙漠”腹地的塘背小流域，列入部管试点小流域开展综合治理研究。兴国抓住这一契机，及时成立了以长江水利委员会牵头，省、地、县联合组成的综合治理领导小组和以“长委”周录随工程师为主的技术指导小组，进驻“塘背小流域试验观测管理站”开展工作。

指导小组通过实地调查，在总结前30年防治教训的基础上，制订出包括“山水田林路能”综合治理方案。发动群众边试验边治理，重新吹响了向水土流失宣战的号角。

塘背小流域面积16.38平方公里，其中山地面积11.55平方公里，水土流失11.53平方公里，占山地面积的99.9%。经过反复试验，将环山水平沟改成为坡面竹节式水平沟，成品字形排列。采取工程措施和生物措施相结合，并筛选出一批适合当地种植的林草品种，乔、灌、草立体种植。同时治理与封禁、节能相结合，边治理边总结边改进。为这一类型区的治理和开发找到了最佳方法和技术，提供了一个好的模式。其治理经验，逐步向全县、全区、全省、全国推广。至1988年底流域内共完成治理面积11.53平方公里，治理度为100%。从2000年起再度实施水保生态修复工程，巩固了治理成果。治理后的塘背小流域，生态环境得到明显改善，农林牧各业也获得全面发展。植被覆盖度由原来的10%上升到目前的70%，保土效率为79.6%，生态环境逐渐由恶性循环转向良性循环，群众生产生活条件稳步提高。

塘背小流域综合治理，经“南方花岗岩剧烈侵蚀区小流域综合治理研究成果”鉴定，获国家科技进步三等奖和水利部科技进步二等奖，并被列为国家科委“九五”期间科技推广项目。2000年3月塘背小流域被水利部、财政部命名为“全国水土保持生态环境建设示范小流域”。

水保工程技术人员实地规划设计（摄于1983年）

科技人员对坡面流失调查，生长十年的马尾松，不到一米高（1983年摄于龙口镇都田村）

长江水利委员会周录随工程师带领技术指导小组进驻“塘背小流域试验观测管理站”开展工作（摄于1983年）

长江水利委员会专家牵头对塘背小流域展开综合治理（摄于1983年）

塘背小流域老桥旁竖立的碑牌（摄于1989年）

20世纪80年代初，塘背小流域原貌（摄于1984年）

时任龙口乡党委书记谢鹏燕带领乡村干部在来溪检查水保治理工作（摄于1982年）

龙口乡来溪村群众治理光山（摄于1982年）

龙口乡群众投工投劳治山治水（摄于1983年）

由科研人员反复实验，将环山水平沟改成坡面竹节水平沟，成品字形排列。由于长度改短，能保持水平，沟埂不易崩塌，在坡面上形成无数的小蓄水池，达到了降雨全部拦蓄在坡面上，然后逐渐渗入土中，从而提高了土壤的含水量和植物的抗旱能力，再配上高密度的林草措施，获取了最佳的治理效益。图为群众开挖的坡面竹节水平沟（1983年摄于龙口镇来溪村）

小流域内崩岗治理
（1989年摄于来溪村）

鼓励群众开发治理荒山（摄于1996年龙口镇中岭村）

小流域内新修的公路（1984年摄于龙口镇都田村）

小流域三角堰泥沙观测点
（1983年摄于龙口镇都田村）

小流域内雨量观测点（1984年摄于龙口镇都田村）

塘背小流域气象观测站（摄于1984年）

塘背小流域卡口站观测站（1984年摄于龙口镇都田村）

试验种植的象草（摄于1986年）

科技人员进行生物调查（摄于1987年）

试验种植的宽叶雀稗
（摄于1986年）

1987年7月，长江水利委员会主任文伏波、在塘背小流域实地指导治理工作

塘背小流域综合治理得到专家充分肯定
（摄于1987年7月）

在小流域内大力开展开源节能，兴办沼气池
（1985年摄于龙口镇）

2018年10月，中国水利水电科学研究院泥沙所老所长曾庆华教授在塘背卡口站指导

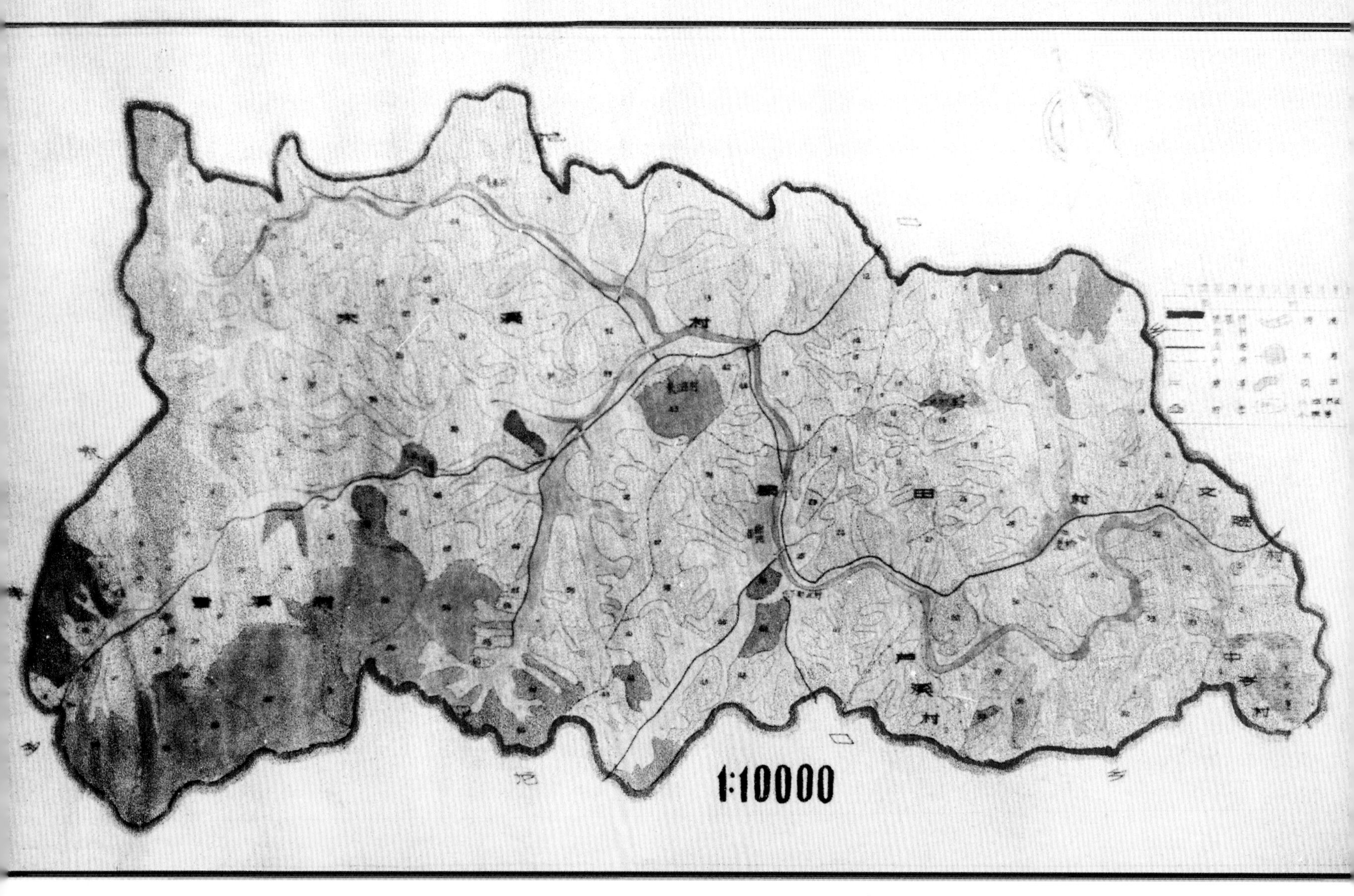

塘背小流域治理后的植被图（摄于1991年）

治理前的塘背小流域一角（摄于1984年11月）

治理后的塘背小流域一角（摄于2007年7月）

在塘背小流域新建的水土保持成就展览馆（摄于2016年）

塘背科技示范园新建的气象观测站

治理后的塘背小流域来溪村新貌（摄于2006年）

纪念亭

恢复重建的塘背卡口观测站

科研人员观测径流泥沙情况

采摘体验园

科普实验区（径流小区）

塘背小流域生态观光园

水土保持科普示范区

塘背国家水土保持科技示范园一角

水土保持游览区

第三篇 共筑绿洲

一、综合治理，规划先行

1980年，全国水土保持协调小组，根据兴国严峻的水土流失状况和前期工作，决定由水利部牵头，派出以长江水利委员会总工程师率领的专家组，帮助兴国县开展“水土保持综合区划”和“水土保持综合规划”。树立从实际出发，量力而行，因害设防，治用结合，集中治理，连续治理，解决好群众生产、生活中的实际问题等指导原则。查明原因，找出了有效的治理方法，迅速组织试点并加以推广。

1982年8月16日，水利水电部部长钱正英在全国第四次水土保持工作会议所做的“全面贯彻《水土保持工作条例》为防治水土流失、根本改变山区面貌而奋斗”报告中把江西省兴国县列入首批“全国八片水土保持重点治理区”之一

长江水利委员会、南京土壤研究所及省市专家在兴国讨论研究水土保持区划（摄于1980年）

南京土壤研究所史德明博士在兴国协助开展水土保持区划（摄于1980年）

长江水利委员会高级工程师余剑如在兴国作小流域区划报告（摄于1984年）

长江水利委员会高级工程师周录随，在兴国指导小流域区划（摄于1984年）

时任兴国县人民政府副县长王业兴与龙口乡党委书记谢鹏燕实地检查规划落实情况（摄于1985年）

省、市、水土保持工程技术人员深入实地指导规划实施（摄于1988年）

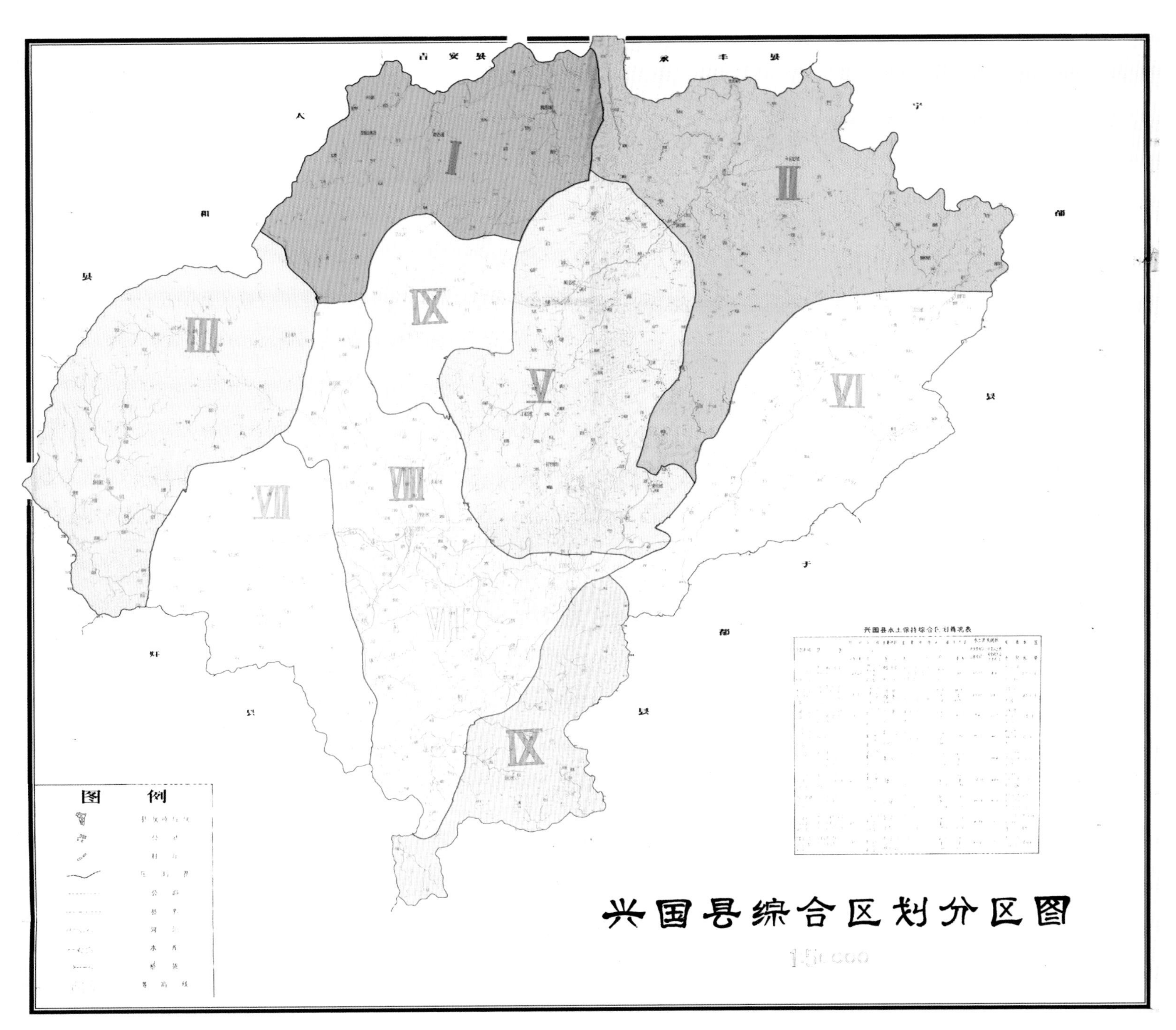

1981年兴国县水土保持区划图

二、领导重视，干部带头

全县上下齐心干，一任接着一任干，一任干给一任看，带领群众一起干。

80年代初，兴国县委、县政府提出“不抓水保的班子，不是好班子；不抓水保的领导，不是好领导。”历届县领导回到兴国，看到他们为兴国水保事业付出辛勤工作而取得的巨大变化，无不欣喜。叶发有（图中前一），曾任中共兴国县委书记；谭萱昌（图中前二），曾任兴国县人民政府县长；钟定清（图中前三），曾任中共兴国县委书记；王业兴（图中前四），曾任兴国县人民政府县长

1990年，时任中共兴国县委书记曾兴楠，兴国县人民政府县长谢光流深入检查封禁工作

1993年，时任中共兴国县委书记邝小平身先士卒，在永丰乡船溪村水保责任山上参加治山劳动

1993年时任兴国县人民政府县长王业兴在永丰乡船溪村水土保持责任山上参加劳动

县人大、政协领导在永丰乡参加治山劳动（摄于1994年）

县人武部领导在永丰乡船溪村参加治山劳动（摄于1994年）

三、全国八片水土保持重点治理第一期工程（1983—1992年）

向光山秃岭进军（1983年摄于樟木乡）

1983年，兴国县被列入首批“全国八片水土保持重点治理区”。在国家的支持下，兴国进入强力抓水土流失治理的黄金期，利用塘背小流域的成功经验，每年以治理12万亩的进度向前推进。开展综合治理、规模治理、连续治理，直到今日不停步。根据兴国已开工综合治理的46条小流域，有24条达到治理标准的成效。第一期重点治理工程通过国家鉴定和验收，获赣州市科技进步一等奖、江西省科技进步二等奖。

动员各种社会力量、举全县之力，组织起浩浩荡荡的大军，像当年苏区扩红、支前一样，开展了一场前所未有的治山治水、誓将“江南沙漠”披绿装的人民战争（摄于1984年）

七十多岁的老人家挥锄轮镐播绿忙（1985年摄于高兴镇蒙山村）

第一期治理中的高兴蒙山小流域（摄于1986年）

第一期治理中的渣江河小流域（摄于1989年）

骄阳下，许多妇女身背孩童、携家带口上山打穴栽树、种草造林（1991年摄于西江村）

第一期小流域综合治理竣工验收示意图

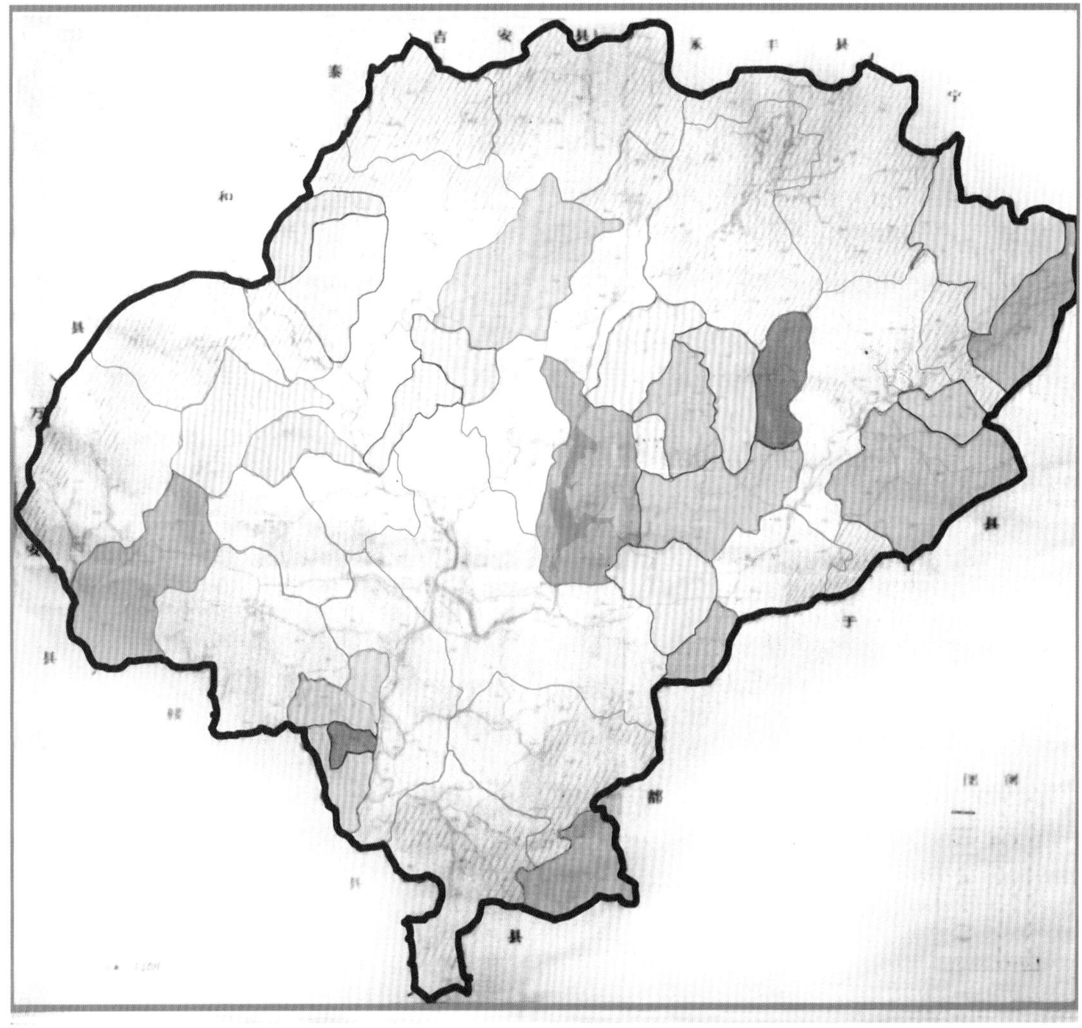

兴国县第一期小流域综合治理竣工验收示意图

水利部组织的专家验收组对第一期小流域治理进行验收（图为1991年11月水利部水保司许传早处长，南京土壤研究所史德明博士在验收会上）

水利部组织的专家验收组对塘背等第一期小流域治理进行验收（图为1991年11月水利部水保司许传早处长，南京土壤研究所史德明博士在龙口镇芦溪村实地检查验收）

1991年11月12日，省水土保持办公室主任张杰带领验收组对兴国第一期水保治理的小流域检查验收

四、全国八片水土保持重点治理区第八次会议

1991年10月11日，全国八片水土保持重点治理区第八次会议在兴国召开

兴国县人民夹道欢迎来自全国各地参加会议的代表

为全国八片水土保持工作会议在兴国召开而建的水保楼

时任水利部副部长周文智及参加全国八片水土保持会议的代表在乐团小流域参观（摄于1991年10月10日古龙岗镇）

参加全国八片水土保持会议的代表在隆坪小流域参观

参加全国八片水土保持会议代表们在垓上水保开发场参观

全国八片水土保持会议期间代表们在龙口水保站参观

全国八片水土保持会议期间，兴国县举办水土保持重点治理新闻发布会

五、全国八片水土保持重点治理第二期工程（1993—2002年）

治理与开发相结合，着重提升“社会、经济、生态、水保”四大效益。

第二期封禁治理的古龙岗乐团小流域一角（摄于1992年）

第二期治理的永丰小流域一角（摄于1993年）

枫边小流域杨梅种植基地（摄于1995年）

第二期治理的社富小流域一角（摄于1998年）

1993年8月7日，省水土保持重点治理二期工程贡水片第一次会议在兴国召开。至此，赣南水土保持重点治理区扩展到八个县市

第二期治理的隆坪小流域一角（摄于1994年）

第二期治理的城岗小流域一角（1998年摄于城岗乡）

第二期治理中的社富小流域（摄于2001年）

第二期治理的城岗小流域一角（摄于2001年）

六、国家水土保持重点建设工程（2003年至今）

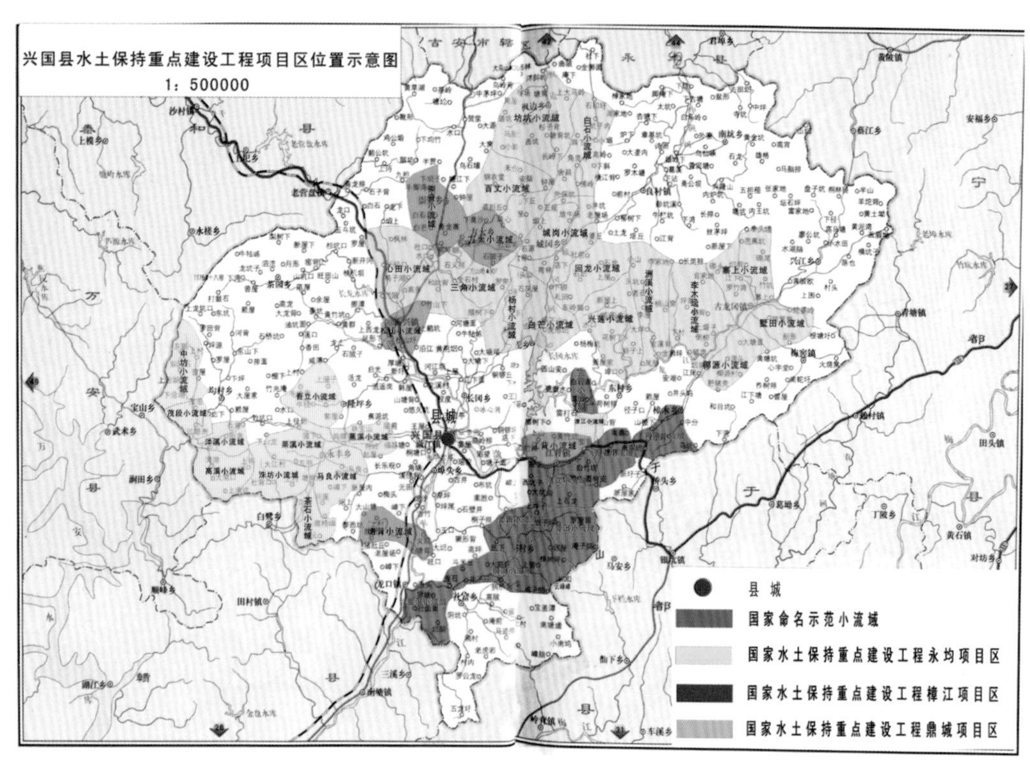

兴国县水土保持重点建设工程项目区位置示意图

水土保持重点建设工程永均项目区蕉溪小流域一角（2003年摄于永丰乡黄金坪）

杰村小流域千亩油茶种植基地（摄于2015年）

梅窖店山小流域油茶开发一角（摄于2016年）

含田水保生态示范园播草示范区（摄于2016年）

高兴小流域长迳村开发的果园（摄于2005年）

崇贤小流域内脐橙基地（摄于2006年）

鼎城项目区开发的生态果园（摄于2008年）

隆坪乡开发的黄芪基地

2012年5月，“江西省兴国县国家水土保持生态文明县专家评审会”在兴国县召开

七、表彰先进，树立榜样

县委、县政府每年召开一次全县四级干部大会，总结表彰水土保持工作先进集体和先进个人。先后有6人荣获全国水土保持先进工作者称号、1人荣获全国农村能源建设先进工作者称号、2人获全国劳动模范称号、2人获国务院特殊津贴，他们的先进事迹不断激励着全县干群在治山热潮中比、学、赶、帮、超，使水土保持事业继续向前推进。

县领导为水土保持工作先进单位颁奖（摄于1995年3月）

县领导为水土保持工作先进个人颁奖（摄于1995年3月）

县水土保持局干部邓经镗先后获评全国劳动模范、江西省劳动模范、水利系统劳动模范

龙口中岭村农民邓宜星荣获全国劳动模范、全国水土保持环境建设治理开发“四荒”示范户

1991年，时任兴国县人民政府副县长赖启华荣获全国水土保持先进工作者

1991年，时任中共永丰乡党委书记肖家桂荣获全国水土保持先进工作者称号

1991年，时任中共龙口乡芦溪村党支部书记邓习蒌荣获全国水土保持先进工作者称号

全国水土保持先进工作者、享受国务院特殊津贴、县水土保持局高级农艺师周昌涵

享受国务院特殊津贴的县水土保持局干部、高级工程师王玉璈

县水土保持局干部钟祥林荣获全国农村能源建设先进个人称号

第四篇 创新成果

自20世纪80年代开始，兴国县每年召开的第一次大会是水土保持工作会

一、理念创新

兴国防治水土流失的成功之道，除开展集中治理、规模治理和坚持不懈的连续治理外的秘诀是：大胆创新，敢于实践。

观念创新表现在：依靠专业队伍治理改由全民治理。全党动员，全民上阵，领导带头，层级办样板；以小块山头搞治理，改由以小流域为单元，由单一治理改由山水田林路能立体式综合治理；依据水土流失等级的不同特点，采用恢复治理和开发治理两步走战略；由单纯治理改为防治并重。

1985年，时任中共兴国县委书记钟定清在全县水土保持工作会上做报告

1997年10月，时任中共兴国县委书记邝小平在水土保持工作会上做报告

1983年，时任中共兴国县委书记叶发有（左一在全县水土保持工作会上做动员报告

1999年5月，时任中共兴国县委书记赖联明在水土保持工作会上做报告

2012年5月，时任兴国县人民政府县长赖晓军在“江西省兴国县水土保持生态文明县专家评审会”上发言

县直机关干部水土保持责任山（摄于1997年）

县直机关干部投入到治山治水的劳动中（摄于1997年）

以小流域为单元开展综合治理（2005年摄于方太乡）

二、制度创新

制度创新措施有：1.兴国县实行全民义务治山制度，层层签订责任状。2.干部职工每人每年交纳工资的1%作绿化费，弥补治理资金的不足。3.农户治山，只发工具补助费，同时规定三年不治吊销责任山并加收荒芜费。4.家住农村的职工，春节期间提前十天回家参加治山造林。年内未完成防治任务的单位、个人，不得表彰，评先进和调动提拔。5.成立水保委员会，各相关单位及成员单位，分工负责，齐抓共管建设水保事业。

兴国县人民政府令

第三号

兴国县人民政府文件

中共兴国县委文件

中共兴国县委 兴国县人民政府

兴国县人民政府文件

根据《水土保持法》及《江西省实施水土保持法办法》，兴国县及时发布兴国县人民政府令（第三号），印发了水土保持相关文件，形成全县共抓水土保持工作局面

乡、镇领导向县领导递交水土保持工作责任状

崇贤乡干部节假日义务参加打穴治山劳动（摄于1985年3月）

群众自发组织劳力在潋江河堤旁栽种黄竹（1995年摄于埠头乡）

三、管理创新

1.建立层级管理责任制。一级抓一级，一级干给一级看，实行一票否决和“黄牌警告”。

2.技术上改用三次验收，把好质量关。

3.管护上，制定管护公约，划分全封，轮封区，专人巡山护林。节柴灶解决农村能源。增设竹木检查站，取缔木柴自由市场，大力削减采伐计划。

各乡镇制定切合实际的管护公约
（1989年摄于方太乡）

对工程措施改用三次验收，严把质量验收关（1989年摄于城岗乡）

兴国县人民政府
关于进一步强化封山育林搞好水土保持和改燃节能工作的
通告

为了进一步强化封山育林、搞好水土保持、改燃节能工作，实现“在山上再造一个高效益兴国”的目标，特作如下通告

一、切实加强封山育林，抓好源头管理。凡京九铁路沿线、319国道两侧4公里范围内的所有山场，县乡公路两旁，长防林人工造林地，飞播造林区，[illegible]及村庄、圩镇周围2公里以内的所有山场，一律实行全封，严禁砍树、打枝、割草、放牧、扒松毛或树叶，做到人畜不上山，[illegible]不下山。半封区和轮封区，需开山的由村委会提出申请，乡、镇封山育林指挥部审查，报县林业主管部门批准，并由乡、镇林业工作站或[illegible]监督[illegible]。在水保重点治理区内取土、采石、开矿，必须制定水土保持方案，并报水保部门审批，严禁乱采滥挖，避免造成新的流失，违者按[illegible]《水保法》有关规定及村规民约[illegible]处罚。

二、[illegible]，凡需采伐林木开天窗，必须向县林业主管部门提交设计资料和图纸，核发林木采伐许可证后方可进行采伐，违者，以盗伐滥伐论处，并要[illegible]严格执行水保措施，做到保水、保肥、保土，违者，按《水保法》有关规定查处。

三、进一步加强对木材经营、加工市场的清理整顿和管理监督，所有经营、加工木材的单位和个体工商户，必须先取得林业主管部门核发的《木竹经营（加工）许可证》，并凭证到工商部门办理营业执照后方可进行经营、加工。无证照经营、加工的坚决予以取缔。

四、严格控制资源消耗，切实抓好节能工作。

1、禁止用木柴烧砖瓦窑，重申县内所有砖瓦窑必须全部改烧柴为烧煤，凡尚未改烧柴为烧煤的，一经查实，限期封闭。暂时无法改烧柴为烧煤的林产化工企业，则按其全年的消耗量全额征收育林基金。

2、坚决关闭柴炭和竹木自由市场，各乡镇人民政府要组织力量对本辖区内的柴炭和竹木自由市场进行一次彻底的清查，县林业主管部门要抓好督促检查，并限期全部关闭。

3、继续抓好改燃节能，农村要继续推广省柴灶，同时要大力发展沼气，逐步实现以沼气代柴；城镇居民、机关单位干部职工要积极推行以电、以煤、以液化气代柴；乡镇以上的机关、企事业单位及伙食、服务行业，必须全部改烧柴为烧煤，如继续烧柴的，一经查实，限期改正，逾期不改的，进行通报批评，并追究单位负责人的责任。

五、[illegible]建立[illegible]级负责制，要继续实行领导干部林业水保任期目标责任制，把封山育林、水土保持、改燃节能工作成效列入各乡镇领导政绩考核的主要内容，对成绩显著的给予通报表彰，对工作不力的进行通报批评或给予“黄牌”警告。林业水保部门和县直有关单位要密切配合，加大[illegible]力度，各乡镇要落实责任制，抓好实施，齐心协力把封山育林、水土保持及改燃节能工作抓出成效，推动“山上再造”工程迈上新台阶。

特此通告

一九九六年九月二十三日

1996年，发布关于进一步强化封山育林搞好水土保持和改燃节能工作的通告

1991年，永丰乡领导组织管护队员学习汇报

梅窖小流域全封山（摄于2017年6月）

管护人员常年巡山保护森林植被不遭破坏
（1991年摄于社富乡）

管护员经常巡护山岭，不许任何人进入全封山打柴
（1988年摄于永丰乡）

管护人员取缔柴炭竹木自由市场
（1991年摄于社富乡）

管护员组织村民学习管护公约，对违反公约者采取“一宣传、二教育、三放电影、四杀猪”，严厉处罚措施（1987年7月摄于高兴镇）

四、机构创新

县级水土保持的机构设置，兴国县开创了全国的先河。一是1983年成立了兴国县水土保持委员会，下设兴国县水土保持办公室（正科级），分设人秘、治理、监察监测、执法大队、农村能源等股室，为全县的水土保持业务主管部门。乡镇设有水保管理服务站和管护队伍。建立了县、乡、村、组四级水保管护网络；二是将农村能源环保办公室（正科级）的职责划分归水保办，合署办公，把水土保持与农村能源有机结合在一起，促进了全县的水土保持工作。

1987年，兴国县成立各乡镇水土保持管理服务站，使水土保持监督管理常态化

（一）水土保持监督与执法

定期对水土保持监督执法人员培训（摄于1996年7月）

1998年，兴国县成立水土保持监督执法大队

对培训合格的水土保持监督执法人员颁发证件，持证上岗（摄于1987年7月）

监督执法人员检查兴泉铁路水土保持措施落实情况

监督执法人员在稀土矿区巡查（2004年摄于长冈水库）

监督执法人员对违反水土保持法律、法规者进行行政处罚（摄2009年4月）

监督执法人员与赣州市人民法院，县人民法院协同办理违反水土保持法律、法规案件（1997年11月摄于方太乡）

县重点建设项目水土保持措施“三同时”（摄于2005年）

319国道水土保持“三同时”工程（摄于2003年）

水土保持、环境保护联合执法取缔违法开采钨矿企业（摄于2007年）

泉南高速公路水土保持“三同时”工程（摄于2011年5月）

监督采矿企业建设的拦蓄工程（摄于2014年）

监督企业矿山修建的水土保持拦蓄设施（1999年摄于社富乡留龙村）

1995年，兴国县水土保持监督执法通过水利部组织的“全国水保重点防治区兴国县监督执法验收会”验收

持续开展水土保持方案编报评审工作
（摄于2000年9月）

县人大常委会“水保法”执法检查
（摄于1997年4月）

2015年7月7日，兴国县人大常委会对贯彻实施《水土保持法》情况举办专题问询会

2012年6月8日，江西省《水土保持法》立法调研座谈会在兴国县召开

（二）农村能源建设

当年的农村能源建设，从兴办沼气池、改灶节柴、推广烧煤、大种速生薪柴入手，及时组建起沼气建池、改灶泥工两支队伍，进驻严重缺柴乡村，然后全面推开此项工作。全县累计改灶率达90%，沼气池入户率达45%，有力地缓解了能源紧缺状况，保证了封山育林措施顺利实施。技工们边建边钻研，创立了经济、实用、简便、美观的沼气池、厕所、猪圈三结合建池方式和新池型。实现了人畜粪便下池产气，沼液喂生猪、沼渣肥果蔬、沼气点灯做饭无公害的有机循环利用，达到了改善环境卫生的目的，深得群众喜爱。兴国县曾获得全省沼气建池比赛第一名的好成绩。许多外地相关人员来兴国县参观后，恳聘技工前往传艺，相邻六省均有兴国县沼气师傅带的徒弟，普及甚广。

现在，农村能源建设又有了新发展，招收了新技工，注入了新内容，与水土保持工作已经形成了密切相连、息息相关的关系。这一举措换来了农民的新家园，更换来了青山绿水。

农户家中改厕、太阳能与沼气结合利用
（1998年摄于程水村）

县政府组织召开全县农村能源建设工作会议（摄于1995年）

加强沼气队伍建设，定期举办沼气技工培训

正在新建的强回流沼气池（2012年摄于长冈乡）

大力推广“猪、沼、果”工程（1997年10月摄于均村乡）

沼气做饭，节能、卫生、方便
（1999年摄于文院村）

利用沼气点灯照明（1989年摄于潋江镇）

“猪、沼、鹅”工程（2003年摄于潋江镇）

利用沼液养猪促膘（1997年摄于程水村）

兴国县创立的“猪、沼、果”“猪、沼、菜”“猪、沼、鱼”等水土保持庭院经济模式（1999年摄于方太乡）

兴国县沼气技工在福建带徒传艺

为推广沼气建设，兴国县经常组织交流学习（1995年摄于埠头乡）

五、技术创新

通过实验研究和治理实践，兴国在防治水土流失的技术方面，创立了六个结合（治山与治水治田，治沟与治坡，治理与管护，工程与生物，人工与飞播，治山与节能，乔、灌、草结合）的治理原则。创立了“五种”不同的坡面治理模式，在工程措施方面独创了用环山竹节水平沟治理花岗岩强烈流失坡面，做到水土不下山。新的技术，不仅得到科技界的赞誉，在我国南方流失区也得到广泛应用。

五种治理模式之一：1.轻度流失区主要采取封禁治理（2015年摄于均村乡）

五种治理模式之一：2.轻度流失区飞播造林
（1986年3月摄于江背镇）

五种治理模式之二：中度流失区打穴补植（2003年3月摄于长冈乡）

五种治理模式之三：1.强度流失区的工程措施，开挖竹节水平沟（1993年摄于樟木乡）

五种治理模式之三：2.强度流失山地的生物措施，水平沟内种植耐旱耐瘠的乔木（1999年摄于鼎龙乡）

五种治理模式之三：3.强度流失山地的生物措施，种植两年后的灌木胡枝子，有效控制水土流失（1998年摄于永丰乡）

五种治理模式之三：4.强度流失山地的生物措施，生长良好的草，控制边坡流失（2014年摄于杰村乡）

五种治理模式之四：在崩岗综合治理中，采取上截、下堵、中间削、内外绿化的技术方法，把工程措施与生物措施紧密结合起来，做到以工程保生物，以生物护工程，有效地拦蓄泥沙，减轻了崩岗对民居、农田、河道的危害（2015年摄于鼎龙乡杨村）

五种治理模式之五：1.群众积极开发治理紫色页岩（1990年摄于埠头乡）

五种治理模式之五：2.紫色页岩爆破后整成梯田种植经济作物（1999年摄于长冈乡）

积极与科研单位合作，设立径流泥沙定位观测站；坡面引种定位试验区；小流域动态模拟试验；河床断面泥沙消长测量；开展水土保持区域考查、普查、区划、规划等科考活动，获取流失危害、治理效果数据，为不断提升治理方法提供依据；设立治理样板和科技示范园，开展全民科普宣传，提升水保意识。

小流域河床定点监测点（1991年摄于永丰乡）

1993年，日本京都大学森林生态研究组在兴国城岗大获建立水保实验基地

举办水土保持效益观测技术培训班（摄于1995年）

城岗大获村水土保持科研观测点（摄于1999年）

永丰乡蕉溪村径流小区监测点（摄于2004年）

科研人员对蕉溪小流域内径流泥沙观测
（摄于2014年）

科研人员在试验区观测树木生长情况
（2005年摄于永丰乡）

科研人员对雨量定点观测
（摄于2015年）

技术人员使用自动六要素气象仪对蕉溪小流域内小气候进行观测

永丰蕉溪永久性常年泥沙监测点
（摄于2014年）

杰村水土保持科技示范园

第五篇　春华秋实

一、欣欣向荣的兴国

生态环境的变化，与1980年相比，水土流失面积由1899平方公里，降至568.84平方公里，下降70%，年泥沙流失量由1160万吨，下降至295万吨，减少73.3%，接近无明显流失程度；水旱灾害频率由每年发生2.2次降至0.5次；山地植被覆盖度由28.8%，上升至84%；活立木蓄积量由53万立方米，增至799.4万立方米；平江河床由年均淤高4.3厘米，变为下降5厘米，有不少河段已露出基岩。兴国县实现了三十年多来无大灾的可喜变化。

随着生态环境的不断改善，农林牧副渔工得到快速发展。增建小水电站75座，可增供清洁电能9850万千瓦时/年；山地已扩种油茶林25310.9公顷，经果林3871.5公顷。大面积开发种植引进的十余种优良果茶，对当地群众脱贫致富起了重要作用。一批乡村生态旅游场所正在完善。四通八达的乡村公路，带动小汽车进入万家农户。农民人均年收入由1980年的121.1元增至7849元。水土保持开发治理带给群众的经济效益，日愈呈现。

塘背小流域来溪村旧貌（摄于1985年）

来溪村旧貌换新颜（摄于2012年）

永丰乡荷岭村治理前旧貌（摄于1985年）

永丰乡荷岭村旧貌换新颜（摄于2015年）

全国水土保持生态建设示范小流域崇贤小流域一角（摄于2015年）

崇贤小流域森林公园（摄于2009年）

崇贤小流域内的脐橙基地（摄于2008年）

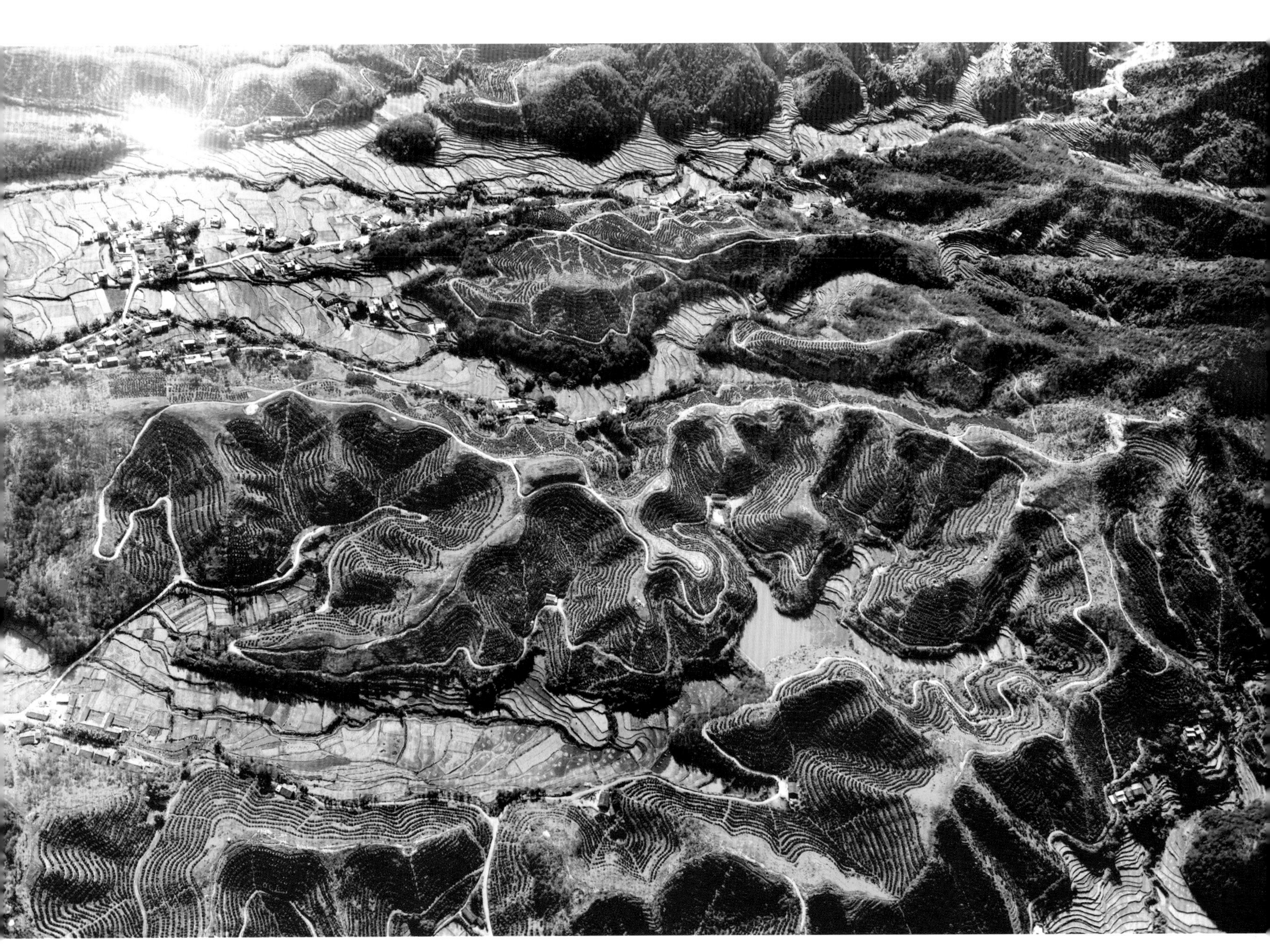

全国水土保持生态建设示范小流域方太小流域万亩脐橙园（摄于2010年）

方太小流域生态茶叶基地（摄于2016年）

全国水土保持生态建设示范小流域江背小流域封禁治理区新貌（2007年）

全国水土保持生态建设示范小流域松山小流域一角（摄于2007年）

兴国潋水小流域飞播封禁区一角（摄于2006年）

天鹅湖区水土保持生态清洁园（2012年）

曾是水土流失严重的埠头乡田庄上，如今是鲜花盛开的村庄

丰收喜悦（2016年摄于高兴镇长迳村）

高多小流域农庄里的葡萄园（摄于2009年）

兴国丹霞湖（摄于2018年）

红门小流域内竹坝新农村

高多小流域裕茂农庄猕猴桃产业基地（摄于2005年）

通过水保治理全县河床普遍下降。图为兴国主河道潋江河，中华人民共和国成立初期修建桥梁时的河桩经过几十年沧桑变幻现已凸显出来（摄于2005年）

永丰乡大江村油茶开发大户陈正根（摄于2017年）

乐趣（社富小流域）（摄于2008年）

永丰乡大江村陈正根开发的油茶山地一角

三角流域内开发的水土保持经济果木林

永丰乡凌源村山水林田湖崩岗治理工程（摄于2017年）

桐江小流域水土保持重点治理工程

杨村小流域水土保持重点治理工程

百丈小流域水土保持经济果木林

2012年百丈小流域经济果木林

二、亲切关怀给力量

2001年5月28日，江西省委书记孟建柱（左起第二）在兴国县埠头乡程水村视察水土保持生态村

1990年11月23日，中共江西省委书记毛致用（左起第二）专程到塘背小流域视察

1991年1月18日，全国政协副主席钱正英（左起第四）在龙口乡水土保持站调研

1991年12月17日，国务委员、国家科委主任宋健（左起第二）在塘背小流域调研

1995年5月，全国环境资源保护委员会副主任杨振怀（右起第二）在兴国视察水保工作

1990年5月18日，全国政协常委马玉槐（右起第二）在塘背小流域调研

2001年10月18日，水利部副部长陈雷（左起第二）在兴国塘背小流域视察

2007年5月28日，原中共江西省委书记万绍芬（左起第二）再次到塘背小流域调研

1991年10月12日，水利部副部长周文智（左起第二）在兴国视察水土保持工作

2003年5月，水利部副部长敬正书（左起第二）在塘背乌石岭视察工作

1997年11月13日，任水利部副部长朱登铨（右起第二）在塘背小流域视察

2004年4月26日，水利部副部长鄂竟平（右起第三）在兴国塘背小流域视察

1987年11月，水利部顾问屈健（副部级）（右起第五）在联群小流域调研

1997年4月22日，国家政研室主任肖万均（左起第三）在塘背小流域调研

1987年8月，长江水利委员会主任文伏波（右起第二）在塘背小流域视察

1997年6月12日，国家科委副主任邓楠（右起第四）在兴国调研水土保持工作

1997年8月，农业部副部长路明（左起第三）在埠头水土保持生态村调研农村能源工作

1997年4月，水利部水土保持司司长焦居仁（左起第四）在埠头垓上指导水土保持工作

1988年8月，水土保持司司长郭廷辅（左起第二）在崇贤河小流域实地踏勘规划落实情况

2009年8月29日，时任水土保持司司长刘震（右起第四）在兴国县检查指导水土保持工作

2004年3月29日，水利部直属机关党委专职副书记蒋旭光（左起第二），水土保持司副司长张学俭（右起第二）在兴国县指导水土保持工作

2012年5月，水利部水土保持监测站主任郭索颜、长江水利委员会水土保持局局长廖纯燕在塘背小流域指导工作

2012年11月27日，水土保持司副司长蒲朝勇（右起第二）在江背小流域检查指导水土保持工作

2000年6月，江西省水利厅厅长刘政民（左起第三）在塘背小流域调研水土保持工作

2012年5月14日，江西省水利厅厅长孙晓山（右起第一）在潋水小流域调研水土保持工作

2007年7月20日，江西省水利厅副厅长朱来友（左起第二）在蕉溪水土保持观测站指导工作

2005年8月21日，江西省水利厅副厅长管日顺（左起第二）在塘背小流域指导工作

2017年9月26日，江西省水利厅副厅长廖瑞钊（左起第四）在兴国调研山水林田湖崩岗综合治理项目

1997年6月，国务院副总理姜春云为兴国县水土保持的题词

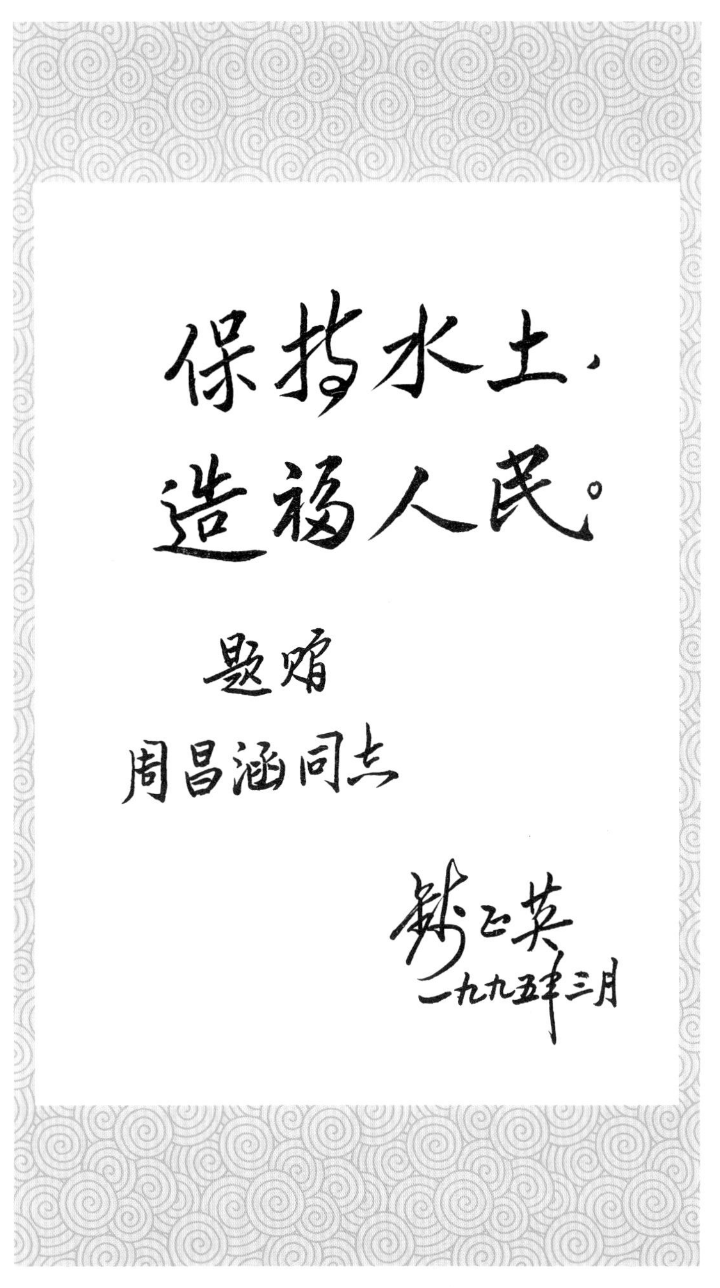

1995年3月，原全国政协副主席钱正英给兴国水土保持局周昌涵的题词

1995年6月，全国政协副主席杨汝岱视察兴国县水土保持后的题词

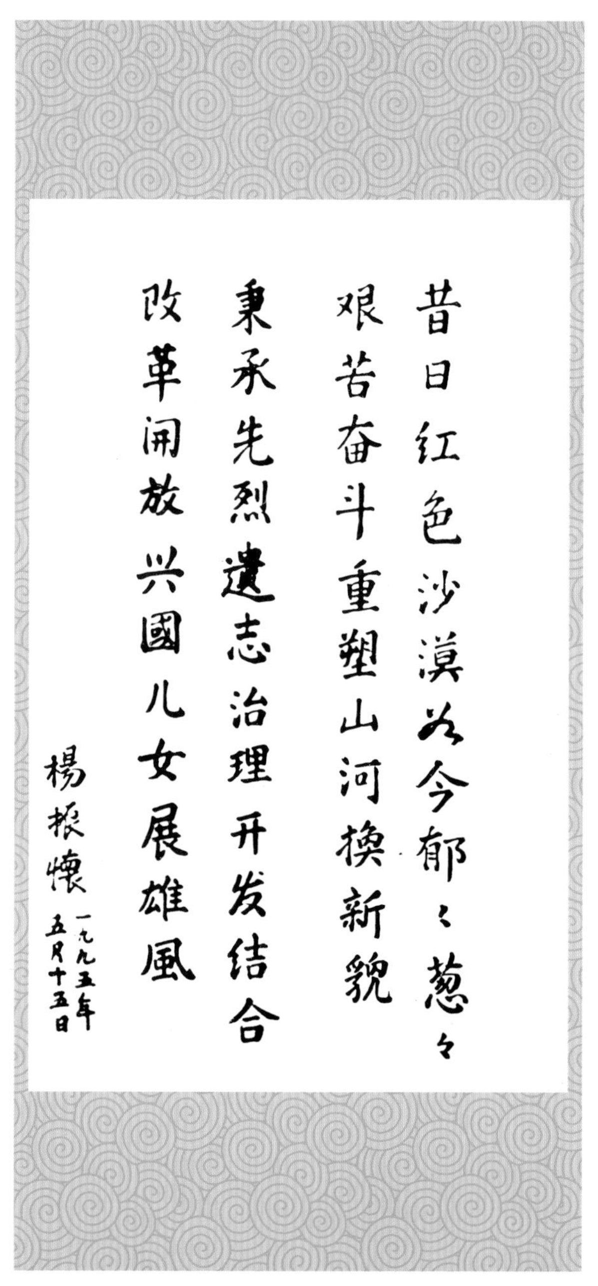

1995年5月，全国人大常委会环境资源保护委员会副主任杨震怀在兴国检查水土保持执法工作后的题词

三、专家考察传真经

1981年5月，英国皇家学会查理斯爵士在兴国县永丰考察水土流失情况，称“兴国的水土流失是世界罕见的！”

1987年2月，亚太地区十多个国家和地区的专家在兴国县塘背小流域考察

2006年4月25日，中国科学院副院长孙鸿烈等在兴国考察水土保持工作

南京土壤研究所博士史德明等在兴国做水土流失动态研究

1987年6月，台湾水土保持专家廖绵濬博士在兴国县永丰考察水土流失情况

1995年2月27日，联合国国际农业发展基金考察团在龙口考察水土保持工作

2005年8月21日，水利部、中国科学院、中国工程院、中国水土流失与安全综合科学考察团专家在兴国考察

2007年11月，福建省水利厅在塘背小流域考察

2007年11月16日，新疆生产建设兵团水利系统在塘背小流域考察

四、媒体关注倍鼓舞

中央电视台《人与自然》摄制组在兴国拍摄专题片
（摄于1994年）

中央电视台7频道专栏组在华坪水土保持现场采风
（摄于1994年）

江西电影制片厂《绿野》摄制组在兴国拍摄
（摄于1987年）

《人民日报》《中国青年报》记者采访水土保持农村能源建设（摄于1997年4月）

中央电视台《正大综艺》摄制组在兴国拍摄（摄于1997年）

香港凤凰卫视摄制组在龙口水土保持站现场采访全国劳动模范邓经镗（摄于2012年）

《人民日报》等十多家报社记者在塘背小流域现场采访（摄于1997年）

《爱我母亲河——长江》中华环保世纪行记者考察团在兴国采风（摄于1997年）

五、水保文化树新风

水土保持，经过几十年的艰苦淬砺，不仅使兴国大地换上了绿色新装，也积累了丰富经验和先进技术。为了更好地开展全民科普宣传，提升水保意识，加以传播和丰富水保文化，相关单位出版了水土保持专著一本《我国南方典型水土流失区的防治对策》；编印论文报道集一册《沧桑巨变千峦绿》；刊出水土保持简讯120期；编印水土保持宣传画5期；录制水土保持专题宣传片30部；举办水土保持巡回画展15次；创作水土保持话剧一台；创作水土保持歌曲专辑一部；参编了“长江流域水土保持技术手册”等多种全国性水土保持专业书籍。塘背小流域16篇科研报告和论文收录在长江水利委员会出版的《长江流域水土保持治理试点成果资料汇编》中；15篇水土保持论文收录在《江西省水土保持论文集》中。在《人民日报》《江西日报》《中国水土保持》等报刊杂志登载文章及学术论文多篇；在中国摄影家协会出版的大型画册《人间正道是沧桑》及《中国七大流域水土保持工程》画册、《赣南文艺》《人民网》《江西画报》等媒体登载图片多幅。协助上海科教电影制片厂、江西电影制片厂、江西电视台、赣州电视台在兴国拍摄了《红壤山区水土保持》《绿野》《绿色家园》《江南沙漠披绿装》等多部电影、电视专题片。兴国水土保持文化犹如破土的嫩芽，在水土保持人的精心浇灌下，蔚然成型。

出版水土保持专著一本《我国南方典型水土流失区的防治对策》、编印论文报道集一册《沧桑巨变千峦绿》

在《人民日报》《人民网》《江西日报》《江西画报》等媒体发表文章、图片

参编《长江流域水土保持技术手册》《中国七大流域水土保持工程》画册、《赣南文艺》等杂志

编印水土保持画册、宣传册及创作《绿色的生态家园》等兴国山歌歌曲集

与江西电视台、江西电影制片厂联合制作水土保持专题宣传片

协助上海科教电影制片厂在兴国拍摄科教片《红壤山区水土保持》

在《中国水土保持》等各类学术杂志发表和刊载学术论文56篇

走街串巷宣传《中华人民共和国水土保持法》

小学生参观水土保持生态园

宣传车深入乡镇、矿区宣传水土保持法规
（摄于1987年）

设立咨询台、发放宣传资料、加大水土保持法律法规宣传

水土保持宣传漫画进农村（摄于2005年）

县城主街道竖立的水土保持雕塑

利用兴国山歌、歌曲大赛等形式宣传水土保持

水土保持宣传进课堂

水土保持宣传进课堂

在县城主街道口竖立的水土保持宣传牌

主要道路交界处竖立的水土保持宣传碑牌

丰富多彩开展水土保持宣传

水土保持宣传牌

水土保持墙体广告

六、水保荣誉展辉煌

兴国在成功治理水土流失的过程中，率先成立水保行政一级局；率先设立水土保持预防监督股；率先提出征收水土保持补偿费；率先提出以小流域为单元进行恢复综合治理新理念和新模式；首创用竹节水平沟工程治理坡面流失；首创在一个县举办全国性水土保持专业性大会；首创赣工型省柴灶（一斤柴一分钟烧开10斤冷水）。创立强回流密封半球型沼气池推向全国许多省等项创举。先后荣获全国水土保持先进县、全国水土保持生态文明建设先进县、全国绿化先进县、全国水土保持预防监督执法先进县、全国节能先进县等殊多荣誉。

1957年，国务院水土保持委授予兴国县的锦旗

1993年，水利部授予兴国县“全国八片水土保持重点地区先进集体”

1992年4月，荣获“水土保持先进单位”称号

兴国县人民政府

在水土保持工作中，成效显著，荣获全国水土保持先进单位称号，特发此荣誉证书。

全国水资源与水土保持工作领导小组
中华人民共和国水利部
中国水利电力工会全国委员会
一九九二年四月

1992年4月，兴国县人民政府荣获全国水土保持工作先进单位称号

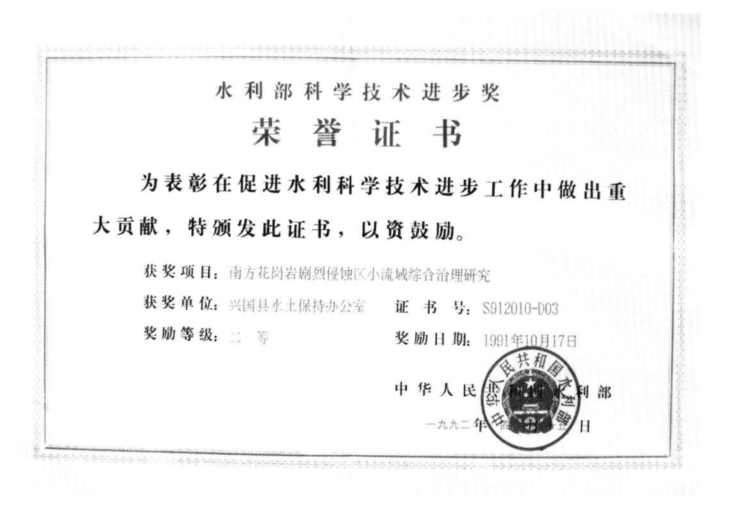
水利部科学技术进步奖
荣誉证书

为表彰在促进水利科学技术进步工作中做出重大贡献，特颁发此证书，以资鼓励。

获奖项目：南方花岗岩剧烈侵蚀区小流域综合治理研究
获奖单位：兴国县水土保持办公室　证书号：S912010-D03
奖励等级：二等　奖励日期：1991年10月17日

中华人民共和国水利部

1992年，《南方花岗岩剧烈侵蚀区小流域综合治理研究》成果获水利部科技进步二等奖

证书

获奖项目：南方花岗岩剧烈侵蚀区小流域综合治理研究
获奖单位：江西省兴国县水土保持办公室等
奖励等级：三等
奖励日期：一九九二年十一月
证书号：水-3-004-04

国家科学技术进步奖
评审委员会

1992年，《南方花岗岩剧烈侵蚀区小流域综合治理研究》获国家科技进步三等奖

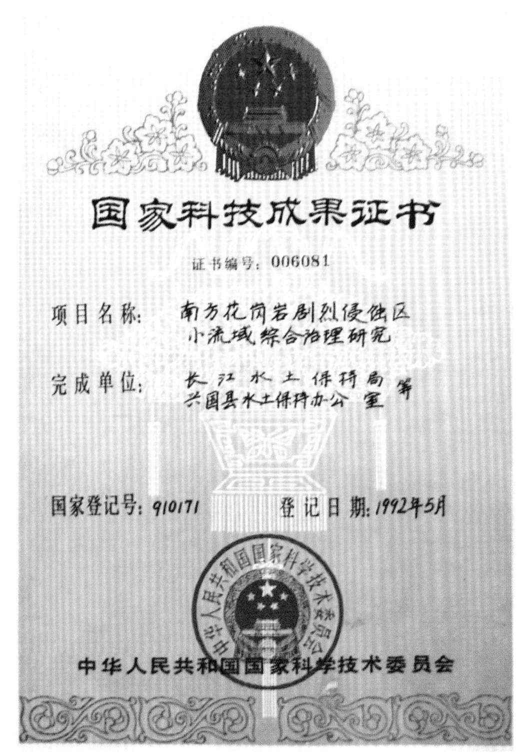
国家科技成果证书

证书编号：006081

项目名称：南方花岗岩剧烈侵蚀区小流域综合治理研究
完成单位：长江水土保持局　兴国县水土保持办公室 等

国家登记号：910171　登记日期：1992年5月

中华人民共和国国家科学技术委员会

1992年，《南方花岗岩剧烈侵蚀区小流域综合治理研究》成果获国家科技成果证书

1995年11月，兴国县水土保持局荣获“全国水土保持监督执法试点先进单位”称号

2000年4月，荣获“全国水土保持生态环境建设示范县”称号

2000年3月，塘背河小流域荣获“全国水土保持生态环境建设示范小流域”称号

2000年3月，方太河小流域荣获“全国水土保持生态环境建设示范小流域”称号

2001年，江背河小流域荣获“全国水土保持生态环境建设示范小流域”称号

2004年，兴国县水保局的《江西省丘陵区生态农业综合配套技术的推广》获全国农牧渔业丰收奖三等奖

2004年，兴国县荣获“全国水土保持先进集体”称号

2004年，兴国县荣获“全国绿化模范县”称号

2018年2月，兴国县塘背水土保持科技示范园被评为“国家水土保持科技示范园”

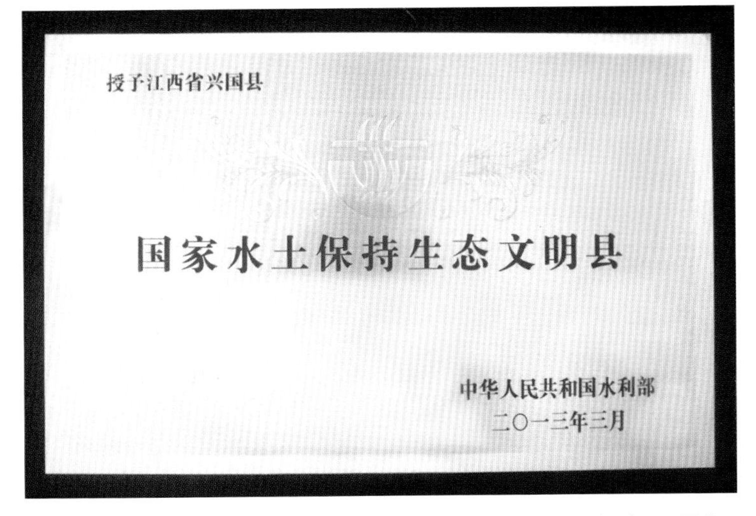

2013年3月，兴国县被评为“国家水土保持生态文明县”

1997年，荣获“全省水土保持先进单位”称号

2014年，兴国县水土保持局荣获第八届中华宝钢环境优秀奖

全省水土保持
先进单位
江西省水利厅
二〇〇一年十月

2001年10月，荣获“全省水土保持先进单位”称号

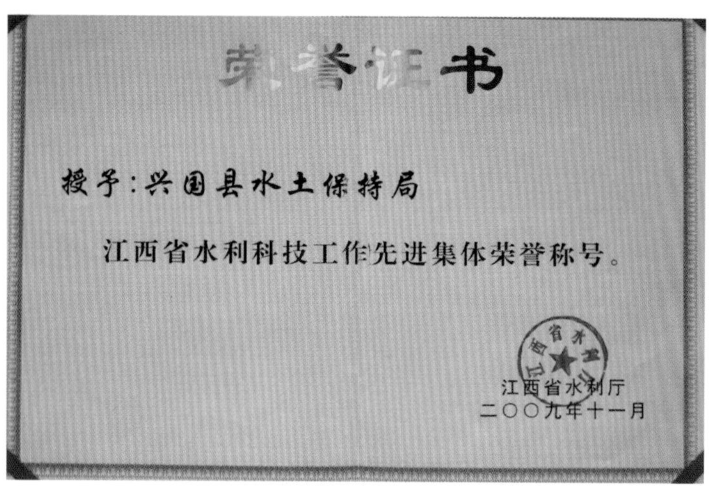

2009年11月，兴国县水土保持局被授予“江西省水利科技工作先进集体”荣誉称号

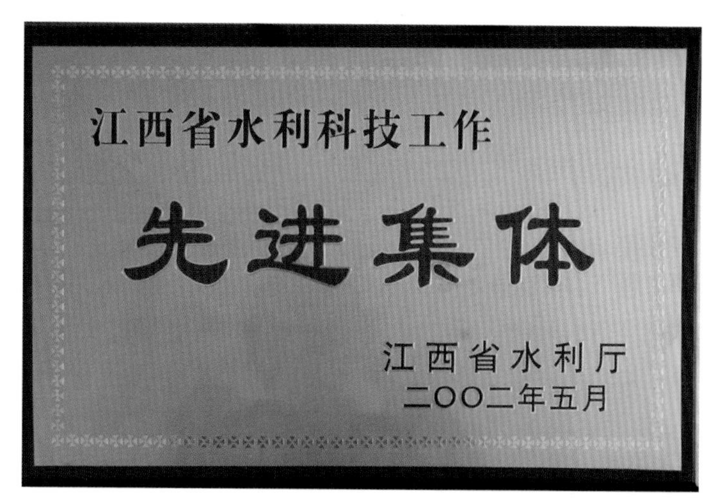

2002年5月，荣获“江西省水利科技工作先进集体”称号

荣获“2006年度全省水行政执法考核评比先进单位”称号

2005年，被评为“2005年度全市水土保持工作目标考评先进单位”

第六篇 新的征程

2017年7月，召开兴国县2017年山水林田湖工程崩岗治理项目推进会，对水土保持治理工作提出了更高要求

中共兴国县委书记赖晓军深入山岭现场谋划指导山水林田湖项目建设

山水林田湖草篇

新时代、新作为。经过三十多年来的水土流失持续治理，昔日“江南沙漠”已变成茵茵绿洲，兴国是江南第一个国家水土保持生态文明县。

在习近平新时代中国特色社会主义思想指引下，按照习近平总书记“山水林田湖是一个生命共同体”和“绿水青山就是金山银山”理念，在党中央、省、市各级领导的关心帮助下，2017年，兴国县被列为首批山水林田湖生态修复试点县，兴国县崩岗侵蚀劣地水土保持综合治理、兴国水土保持试验基地、兴国塘背水土保持科技示范园等3个水土保持项目被批准实施。崩岗侵蚀劣地水土保持综合治理项目为2017—2018年实施项目，项目总投资2.69亿元，其中中央奖补投资1.12880亿元，共治理崩岗2000处，治理水土流失面积32.3平方公里，项目涉及全县25个乡镇。兴国再一次掀起了水土流失崩岗治理歼灭战。

项目的规划实施，得到了江西省财政厅、发改委、水利厅、赣州市财政局、水土保持局、山水林田湖生态修复中心等相关部门及中科院生态环境中心、江西省水土保持科学研究院、赣南师大、南昌工程学院等科研院所的大力支持和帮助，从项目的规划、设计、预算审核、施工监管、效益监测等各个环节精心指导，特别是“平江流域水土保持服务功能提升关键性技术研究”课题被批准立项为江西省水利厅2018年重大科技项目，这必将助推兴国创造更多可复制可推广的水土流失治理“兴国模式”。

兴国县人民政府县长陈黎在永丰乡实地了解山水田林湖崩岗综合治理项目进展

2018年9月18日，水利部水保司巡视员张新玉（左起第三）调研山水林田湖崩岗治理项目并为兴国水土保持工作点赞称“干得好，继续努力，保持下去。”

赣州市山水林田湖生态修复中心主任吴良灿在兴国检查项目实施情况

2018年12月29日，中科院南京分院尹睿处长和南京土壤所梁音博士一行在兴国指导山水林田湖崩岗综合治理及水土保持工作

兴国县聘请专业设计单位对崩岗侵蚀劣地水土保持综合治理工程进行施工设计

专家组对《兴国县2017年山水林田湖生态保护修复工程崩岗侵蚀劣地水土保持综合治理项目施工设计方案》进行技术评审

工人挑砖上山护坡固土

修筑拦沙坝

为减少施工对生态的破坏和影响，组织骡马队运送沙石上山治理崩岗

鼎龙中学后山正在治理的大型崩岗

鼎龙乡湖溪村崩岗区治理效果

梯级谷坊拦沙工程

永丰乡凌源村12号崩岗治理前原貌

永丰乡凌源村12号崩岗治理后效果

杰村含田大型崩岗治理效果

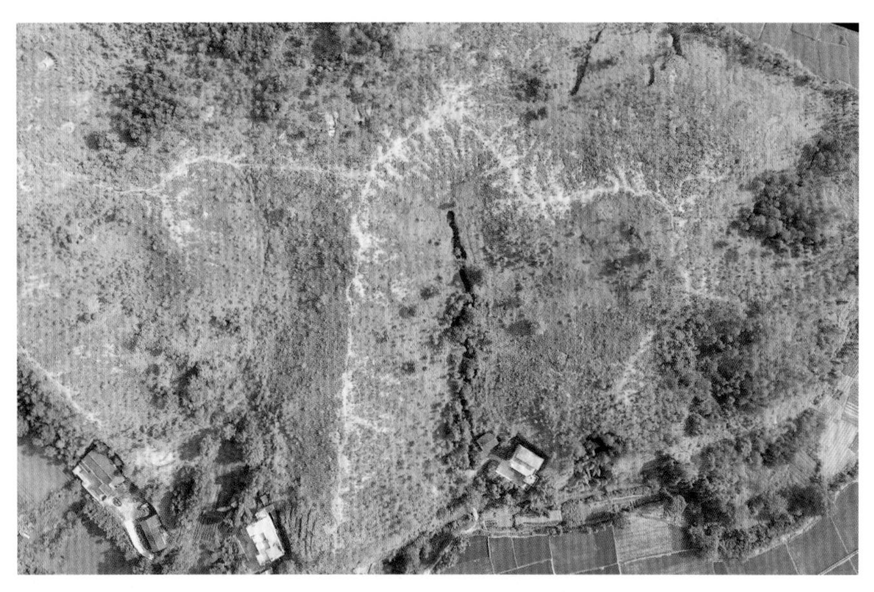

永丰乡凌源村13号崩岗治理前原貌

永丰乡凌源村13号崩岗治理后景美如画

（原载《经济日报》2018年4月21日）

不忘初心，再创辉煌

习近平同志系列重要论述

山水田林湖是一个生命共同体，人的命脉在田，田的命脉在水，水的命脉在山，山的命脉在土，土的命脉在树，用途管制和生态修复必须遵循自然规律，由一个部门负责领土范围内所有国土空间用途管制职责，对山水田林湖进行统一保护，统一修复是十分必要的。

既要金山银山，也要绿水青山，绿水青山就是金山银山。

致 谢

值国家级兴国县塘背水土保持科技示范园水土保持成果展览展出之际，《生态修复看兴国》画册以图文并茂形式收录了从1960年至2018年间357幅图片，记录兴国水土保持五十多年工作历程与创新成果。

《生态修复看兴国》画册编辑过程中，得到了水利部水保司、江西省水利厅、赣州市水保局及中共兴国县委、兴国县人民政府等各级领导的大力关心和支持，水利部水保司蒲朝勇、张新玉、张学俭等领导及中国科学院梁音博士先后审稿并提出宝贵意见，江西省水利厅廖瑞钊副厅长亲自主持召开专题座谈会，广泛征求全省水土保持专家意见建议，曾庆华、周昌涵、周钦前等同志心系水保，克服年老体弱困难，耐心细致收集整理图片资料，付出了艰辛的劳动，为画册的出版发行奠定了良好基础。在此一并表示感谢！

由于编者水平有限，难免会有纰漏与不足之处，敬请批评指正。

编 者

2018年11月